Bibliografische Information der Deutschen Nationalbibliothek:

Die Deutsche Bibliothek verzeichnet diese Publikation in der Deutschen National-
bibliografie; detaillierte bibliografische Daten sind im Internet über http://dnb.d-
nb.de/ abrufbar.

Impressum:

Copyright © 2018 GRIN Verlag
Druck und Bindung: Books on Demand GmbH, Norderstedt Germany
ISBN: 9783668922839

Dieses Buch bei GRIN:

https://www.grin.com/document/463299

Meike Trautmann

Konservierung von Leichen. Chemisch-biologische Vorgänge

GRIN Verlag

Seminararbeit

Leitfach: Chemie und Archäologie

Thema: Konservierung von Leichen: chemisch-biologische Vorgänge

Verfasser: Meike Trautmann

Abgabetermin: 07. November 2017

Seminararbeit im Fach
Chemie und Archäologie

Konservierung von Leichen: chemisch-biologische Vorgänge

von
Meike Trautmann

Emil-von-Behring-Gymnasium
2017/18

Inhaltsverzeichnis

I. Einleitung

„Die Mumie, ist sie tot oder lebendig, menschlich oder unmenschlich?" Diese Frage stellt sich eine namenlose Stimme aus dem Off im Trailer zum Horrorfilm *The Mummy*. Mumien haben und hatten schon immer eine faszinierende Wirkung auf den Menschen. Die schaurigen Wesen aus Film und Fernsehen bewegen sich zwischen Leben und Tod, Vergangenheit und Gegenwart. Sie lassen das Unmögliche möglich werden und brechen auf übernatürliche Weise die Gesetze der Natur. Eines der besten Beispiele in diesem Zusammenhang ist sicherlich die Darstellung der Untoten in Michael Jacksons Werk *Thriller*. Die Tatsache, dass Mumien im Gegensatz zu fiktiven Wesen wie Werwölfen und Vampiren, in der Realität existieren, nährt zusätzlich die Fantasie der Menschen. Bis heute sind sie Sinnbild für Furcht, Schrecken und üben eine ungeahnte Anziehungskraft auf den Menschen aus. Gedanken an die eigene Vergänglichkeit und den Tod, in Kombination mit Unwissenheit dessen, was nach dem Sterben folgt, sind die perfekte Grundlage für dieses mysteriöse Phänomen. Die Hoffnung auf ein Leben nach dem Tod ließ schon die alten Ägypter ruhelos an Techniken feilen, um gewappnet für das ersehnte Leben im Jenseits zu sein. Sie waren es, die die Konservierung der Verstorbenen perfektionierten und den Mumienmythos mitbegründeten. [1][2]

Aus Sicht der modernen Forschung sind Mumien einzigartige Archive, die uns wertvolle Informationen liefern und so einen wichtigen Beitrag zum Verständnis über das Leben unserer Vorfahren in vergangenen Zeiten leisten. [1][2]

Denselben Standpunkt vertritt die vorliegende Arbeit, die sich mit den Themen Mumien, Zerfall und Leichenkonservierung auf wissenschaftlicher Ebene befasst.

II. Zersetzungsprozesse

Grundlage aller Zersetzungsprozesse ist die Spaltung komplexer organischer Verbindungen in kleinere Moleküle. Die grobe Unterscheidung erfolgt in Autolyse, Fäulnis und Verwesung. [3]

1. Autolyse

Unter Autolyse versteht man die Zersetzung organischen Materials durch körpereigene Enzyme. Verdauungsenzyme, die beim Menschen zu Lebzeiten wichtige Funktionen erfüllt haben, beginnen jetzt, eigene Zellstrukturen anzugreifen. Der Abfall des pH – Wertes im Cytosol aktiviert die Lysosomen, die Enzyme auszuschütten, welche bei der Selbstzersetzung des körpereigenen Gewebes eine wichtige Rolle übernehmen. Besonders bei Organen, die schon zu Lebzeiten sehr viele Enzyme enthalten, wie beispielsweise der Bauchspeicheldrüse, schreitet die Selbstverdauung schnell voran. Mit der Zeit kommen alle energieliefernden Prozesse zum Stillstand. Durch den Zusammenbruch der Funktion von Membranen können Konzentrationsgefälle zu beiden Seiten der Membran nicht länger aufrechterhalten werden. Dies führt im extrazellulären Bereich zu einem Anstieg der Kaliumionen – Konzentration, während der Natrium – und Chloridgehalt sinkt. Die autolytischen Prozesse werden hauptsächlich durch die Ausgangsbedingungen im Körper wie die Enzym – und Substratkonzentration und die Temperatur beeinflusst. Sie kommen zum Erliegen, wenn die Substratkonzentration zu gering ist oder die Enzyme selbst durch Alterung oder Autoproteolyse inaktiviert werden. Mit der Zeit kommt es zu einem Zusammenbruch aller Schutzfunktionen der Haut wie beispielsweise des „Säureschutzmantels". Dies begünstigt das Eintreten von Bakterien in das Gewebe und führt dazu, dass die autolytischen Vorgänge nach und nach von Fäulnis – und Verwesungsprozessen „verdrängt" werden. [4]

Neben der Autolyse lässt sich der Leichenabbau in die zwei Phasen der Fäulnis und der Verwesung einteilen.

2. Fäulnis

Unter anaeroben Bedingungen überwiegen Fäulnisprozesse. Bei diesen bakteriellen und reduktiven Vorgängen kommt es zur Bildung der Gase Schwefel – und Kohlenwasserstoff und zur Abspaltung von Ammoniak, was die typischen optischen und olfaktorischen Leichenerscheinungen hervorruft. Diese unangenehm riechenden Gase blähen den Körper auf, dringen in die Haut ein und bedingen den Leichengeruch. [5]

a) Chemische Vorgänge

Betrachtet man die ablaufenden Reaktionen genauer, erscheint eine Differenzierung der Fäulnisprozesse hinsichtlich der Substrate Eiweiß, Kohlenhydrate und Fette sinnvoll. Während Kohlenhydrate durch anaerobe Glykolyse in Milchsäure und andere Endprodukte wie Kohlenstoffdoixid, Ethanol und Essigsäure abgebaut werden, werden Fette und Lipoide durch Hydrolasen, Esterasen und Katalasen in ihre Komponente zerlegt. Bei Proteinen erfolgt der Abbau durch den Mechanismus der Proteolyse[1]. Verantwortlich für die Zersetzung der Proteine sind Enzyme, die Peptidbindungen spalten können, sogenannte Proteasen. Um die ablaufenden Prozesse genauer beschreiben zu können, wird im Folgenden ein spezielles Beispiel herangezogen. [5][6][7][8][9]

b) Spaltung einer Peptidbindung durch Serinproteasen

Serinproteasen sind eine Unterklasse der Proteasen, die eine spezielle Struktur im aktiven Zentrum aufweisen, die sogenannte katalytische Tirade. Darunter versteht man die spezielle Anordnung von drei Aminosäuren im aktiven Zentrum des Enzyms. Dabei ist die Substratspezifität abhängig von den Eigenschaften der Aminosäure – Reste und der Molekülstruktur des Peptids im aktiven Zentrum. In diesem Fall handelt es sich um einen Aspartat –, einen Histidin – und einen Serin – Rest, die über Wasserstoffbrücken miteinander verbunden sind. Bei Serinproteasen befindet sich die namensgebende Aminosäure Serin im aktiven Zentrum (vgl. Abbildung 1).

Auch wenn der Aspartat – Rest nicht an der eigentlichen Reaktion beteiligt ist, spielt er eine wichtige Rolle bei der Einleitung des ersten Schrittes der Peptidspaltung. Aufgrund der Wasserstoffbrücke zwischen dem Aspartat – Rest und der N-H-Gruppe des Histidin - Restes, kommt es zur Polarisierung des Histidins, was zur Ausbildung einer weiteren Wasserstoffbrücke zwischen dem anderen ringgebundenen Stickstoffatom und der Hydroxygruppe des Serin - Restes führt. Dies hat zur Folge, dass die Polarisierung der O-H-Bindung und damit die Nukleophilie des Sauerstoffatoms der Seringruppe verstärkt werden. Nach der Bildung eines Enzym – Substrat – Komplexes, greift der Serin – Rest das Kohlenstoffatom der Carbonylgruppe der Peptidbindung nukleophil an. Dabei wird das Stickstoffatom des Histidin – Restes protoniert und es bildet sich ein kovalenter Übergangszustand. Die Abspaltung und Übertragung desselben Protons auf das Stickstoffatom des Peptids im nächsten Schritt führt zur Spaltung der Peptid – Bindung. Es entsteht ein N – Terminus, der wegdiffundiert, während ein Wassermolekül des Lösemittels hinzukommt. Durch die Wasserstoffbrücke zum

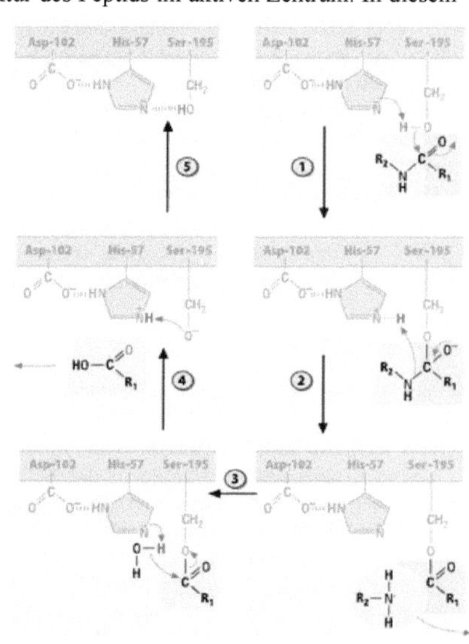

Abbildung 1: Spaltung einer Peptidbindung durch die Serinprotease

Histidin – Rest, wird das H_2O – Molekül polarisiert und kann das Kohlenstoffatom der Carbonylgruppe des Serin – Restes nukleophil angreifen. Gleichzeitig wird ein Proton des Wassermoleküls auf das Stickstoffatom des Histidin – Restes übertragen und die anfängliche Wasserstoffbrücke zwischen Serin – und Histidin – Rest wieder ausgebildet. Dies hat eine Spaltung der kovalenten Bindung des Serins zum Substrat und die Entstehung des C – Terminus des ehemaligen Proteins zur Folge. [5][6][7][8][9]

---

[1] Proteolyse ist der enzymatische Abbau von Proteinen durch Hydrolyse

3. Verwesung

„Verwesen" bedeutete früher so viel wie verfallen oder vergehen. Heutzutage versteht man unter Verwesungsprozessen aerobe mikrobiologische Vorgänge auf oxidativer Grundlage. Es kommt zur Abspaltung von Kohlensäure, Phosphorsäure und Schwefelsäure und damit zur Entstehung des unverkennbaren „Verwesungsgeruches". Im Rahmen der Verwesung werden die Fäulnisprodukte unter Anwesenheit von Sauerstoff vollständig oxidiert. Vergleicht man den Verwesungsvorgang mit den anaeroben Fäulnisprozessen, fällt auf, dass bei dieser Art des Abbaus auch „höhere" Organismen, wie Pilze, Würmer, Maden und Insektenlarven, beteiligt sind, indem sie die abgestorbenen Überreste fressen und zerkleinern, was letztendlich zur Skelettierung führt. Bei der Verwesung größerer Organismen ermöglicht dies, je nach Umgebungsbeschaffenheit, die Etablierung einer sogenannten „Aasfauna". Die beteiligten Mikroorganismen sorgen für den Abbau der komplexen organischen Verbindungen zu Wasser, Kohlenstoffdioxid, Phosphat und Harnstoff. Finden also ausschließlich Verwesungsprozesse statt, entstehen keine unangenehm riechenden oder giftigen Stoffwechselprodukte. [10][11][12]
Verwesung findet im Gegensatz zu Fäulnis nur in Anwesenheit von Sauerstoff statt. Daraus lässt sich schließen, dass im Inneren des Organismus der Zerfall durch Fäulnis, im Äußeren der Verwesungsprozess vorherrschen muss. Nach und nach werden die oberen Gewebeschichten durchlässiger für Sauerstoff, sodass dieser auch in tiefere Hautschichten gelangen kann. Herrscht auch hier ein zunehmend aerobes Milieu, wird die Fäulnis nach und nach von Verwesungsprozessen abgelöst. [10][11][12]

4. Schätzungen zur Liegezeit

Frühe Leichenerscheinungen wie Aufblähung und Verfärbungen lassen eine Schätzung der Liegezeit der Leiche zu. Schreitet der Leichenabbau jedoch immer weiter voran, sind nur noch näherungsweise Aussagen möglich, da die Prozesse abhängig von Temperaturschwankungen, Organerkrankungen und der Keimbesiedlung sind. Da das Ausmaß der Fäulnis von Fall zu Fall unterschiedlich sein kann, sind Aussagen über das Alter der Mumie, die nur auf diesen Informationen basieren, nicht sehr verlässlich. [13]

5. Zusammenfassung

Im Laufe dieser Abbauprozesse wird nach und nach das gesamte organische Material zersetzt. Es handelt sich also um bakteriologische Stoffwechselaktivitäten, die – mit oder ohne Freisetzung von geruchsintensiven Stoffwechselprodukten – schließlich zum vollständigen Abbau des toten Organismus führen. Zusammenfassend lässt sich also festhalten, dass im Laufe der Verwesung abgestorbenes Material in die Grundbausteine zerlegt wird, aus denen es einst aufgebaut war. Diese Veränderung des physikalischen und chemischen Zustandes und der Eigenschaften des Stoffes wie beispielsweise Farbe, Volumen und Form bezeichnen wir als Altern. [14]

III. Abhängigkeit der Leichenkonservierung von verschiedenen Faktoren

Wie oben ausführlich beschrieben, ist der Zerfall von abgestorbenem organischem Material eine Folge von Mikroorganismen wie Schimmel – und Hefepilzen, Fäulnisbakterien und Autolyse (vgl. Kapitel Zersetzungsprozesse). Für eine erfolgreiche Konservierung ist es daher unabdingbar, dass alle Abbauprozesse, die nach dem Ableben des menschlichen oder tierischen Organismus natürlicherweise eintreten, rechtzeitig gestoppt und langfristig wirkungsvoll verhindert werden. Infolgedessen sollten die Lebensbedingungen für die verantwortlichen Organismen möglichst ungünstig sein. Je nach Bedarf können das Ausmaß und die Dauerhaftigkeit einer Leichenkonservierung im Einzelfall durch die Anpassung verschiedener Parameter verändert werden. Welche Rolle die einzelnen Faktoren bei der Konservierung spielen, wird im Folgenden genauer beschrieben. [15]

1. Abhängigkeit der Konservierung von der Temperatur

Da sich die Temperatur sehr stark auf die Verdunstung von Wasser und das Wachstum der Bakterien auswirkt, spielt sie bei der Konservierung eine entscheidende Rolle.

a) Diagramminterpretation

Wie auf dem Diagramm gut zu erkennen ist, können Mikroorganismen bei Temperaturen von circa 0°C bis 50°C wachsen. Bis 37°C steigt die Kurve exponentiell an. Dieser Anstieg nach der Reaktionsgeschwindigkeitsregel ist für enzymgesteuerte Reaktionen charakteristisch. Die Regel besagt, dass sich die Reaktionsgeschwindigkeit bei einer Erhöhung der Temperatur um 10°C verdoppelt bis vervierfacht, da mit jeder Erhöhung der Temperatur die Teilchenbewegung zunimmt. [16] Bei ungefähr 38°C erreicht die Enzymaktivität ihr Optimum. Ab circa 48°C nimmt die Enzymaktivität ab, da die Tertiärstruktur der Enzyme aufgrund der hohen Temperaturen verändert wird. Diesen Vorgang bezeichnet man als Denaturierung. Unter 5°C ist das Wachstum der Mikroorganismen sehr stark eingeschränkt. Bei Temperaturen unter dem Gefrierpunkt gehen die Enzymaktivität und damit die enzymatischen Zersetzungsprozesse gegen null (vgl. Abb. 2).
[17][18]

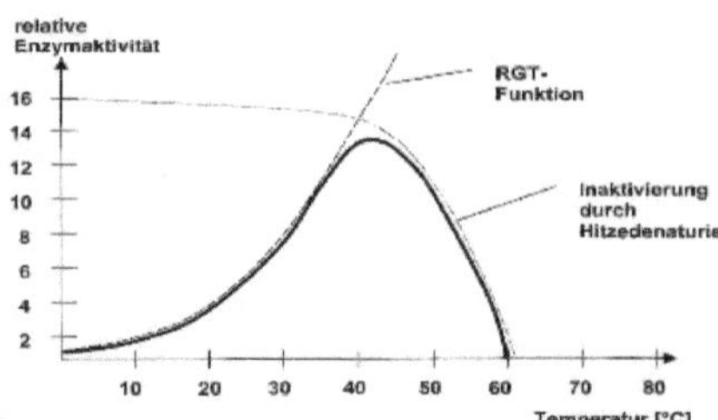

Abbildung 2: Abhängigkeit der Enzymaktivität von der Temperatur

b) Einfluss der Temperatur am Beispiel von Wüstenmumien

Hohe Temperaturen haben eine schnelle Verdunstung von Wasser und die raschen Austrocknung der Leiche zur Folge, wodurch die Entwicklung der auf Wasser angewiesenen Bakterien gehemmt wird. Die Verdunstung wird durch die höhere Wasseraufnahmefähigkeit von warmer Luft bis zu ihrer Sättigung begünstigt. Bestätigt wird dies durch den guten Erhaltungszustand der Wüstenmumien, die, in einfachsten Bodengräbern bestattet, über Jahrtausende ohne das Zutun ägyptischer Spezialisten vor dem Verfall bewahrt wurden. Neben dem natronhaltigen Wüstensand, hat allein die durchgehend warme, trockene Luft bewirkt, dass dem Körper rasch die verwesungsfördernde Feuchtigkeit entzogen wurde.
[19][20][21]

Doch nicht nur die heißen Stein- und Sandwüsten fördern die Konservierung durch Austrocknung, auch die trockenen Kältewüsten der Antarktis haben einen positiven Effekt. Die extrem niedrigen Temperaturen hemmen das Wachstum der Mikroorganismen, die Wärme brauchen, um sich entwickeln zu können. Dies erklärt auch den außergewöhnlich guten Zustand des Mannes aus dem Eis bei seiner Bergung: Durch extrem niedrigen Temperaturen war das Überleben von Mikroorganismen praktisch unmöglich.
[20][21]

c) Einfluss der Jahreszeit

Bei der Leichenkonservierung spielt vor allem der Zeitpunkt des Todes im jahreszeitlichen Verlauf eine große Rolle. Neben dem begünstigenden Effekt der niedrigen Temperaturen in der kalten Jahreszeit, die die Abbauvorgänge hemmen, sind die Leichen von im Winter Verstorbenen nicht der Zersetzung durch Insekten ausgesetzt. Diese Erkenntnis führte zu der Annahme, dass der bekannte Leichnam aus dem Ötztal im Winter verstorben sein muss. [22]

2. Abhängigkeit der Konservierung von der Luftfeuchtigkeit

Wie bereits erwähnt, sorgt die Trockenheit in ariden Gegenden mit hohen Verdunstungsraten von Wasser zum Verlust der Körperfeuchtigkeit und Austrocknung des Gewebes und damit zur Minimierung der Aktivität der unerwünschten Organismen. Die starke Austrocknung der Leiche ist sehr wichtig, da der Wassergehalt des Körpers zum Todeszeitpunkt für gewöhnlich ausreicht, um mikrobielles Wachstum zu fördern. Das Überleben der Mikroorganismen ist gewährleistet, solange genügend Wasser zur Verfügung steht. Je höher die Luftfeuchtigkeit, desto schneller erreicht die Luft ihre Sättigung und desto weniger im Verlauf des Austrocknungsprozesses abgegebene Körperflüssigkeit kann aufgenommen werden. Folglich sollte sich eine hohe Luftfeuchtigkeit negativ auf die Konservierung auswirken. Dies erklärt auch den guten Erhaltungszustand der Mumien aus der Kapuzinergruft in Palermo. Die Leichen sind von Wänden aus Tuffstein umgeben, die die Feuchtigkeit absorbieren und so die Luftfeuchtigkeit verringern können. [22][23][24]

3. Abhängigkeit der Konservierung vom Luftzug

Man ist sich einig, dass sich trockene Zugluft positiv auf die Konservierung auswirkt. Denn angenommen es gäbe keine Luftzirkulation so würde sich – aufgrund der Diffusion der Teilchen - eine Luftschicht mit höherer Luftfeuchtigkeit um den ausgetrockneten Körper herum ansammeln, was das weitere Verdunsten von Wasser beeinträchtigen würde. Auch hier liefern die Leichen aus der Kapuzinergruft in Palermo ein passendes historisches Beispiel. Denn neben der geringen Luftfeuchtigkeit wurden die Körper hauptsächlich durch den trockenen Luftzug in ihren Aufbewahrungskammern vor dem Verfall bewahrt. [24][25]

4. Abhängigkeit der Konservierung von der Unterlage

Auch der Untergrund beeinflusst die Konservierung. Saugfähige Unterlagen, wie beispielsweise Sand oder Holzspäne, nehmen die austretende Flüssigkeit kann auf und von leiten sie Körper weg. Holzspäne erwiesen sich anscheinend als besonders wirkungsvoll, denn sie sind oft unter mumifizierten Leichen zu finden. Sie können Flüssigkeiten nicht nur aufnehmen, sondern sind aufgrund ihrer speziellen Struktur auch noch luftdurchlässig, was die Luftzirkulation um den Körper begünstigt. Im Gegensatz dazu sollten wasserundurchlässige Schichten wie Fliesen oder Beton einen negativen Effekt auf die Konservierung haben. [25]

5. Abhängigkeit der Konservierung von der Bedeckung

Ähnlich scheint sich die Bedeckung auf die Konservierung auszuwirken. Da Bekleidung die Verdunstung der Körperflüssigkeit behindert, schreitet die Konservierung bei entkleideten Leichen schneller voran. Wasserundurchlässige Materialien wie Gummimäntel verzögern die Konservierung demnach am meisten. [26]

6. Abhängigkeit der Konservierung vom Körpervolumen

Große Lebewesen haben im Verhältnis zu ihrem Körpervolumen eine kleinere Körperoberfläche als kleine Lebewesen. Da bei großen Oberflächen mehr Körperflüssigkeit gleichzeitig verdunsten kann, sollte sich ein geringes Volumen beziehungsweise ein geringes Körpergewicht positiv auf die Konservierung auswirken. [27]

7. Abhängigkeit der Konservierung von der Sauerstoffverfügbarkeit

Nach dem Tod kommt es im Körper schnell zu Sauerstoffmangel, da der zum Todeszeitpunkt noch im Körper enthaltende Sauerstoff schnell aufgebraucht wird. Die Verringerung der Sauerstoffverfügbarkeit ist eine weitere Möglichkeit mikrobielles Wachstum zu unterbinden, da er bei biologischen Zerfalls- bzw. Abbauprozessen von zentraler Bedeutung ist. Celina Herbig äußert sich 2010 in einer Arbeit über den biochemischen Abbau des menschlichen Leichnams folgendermaßen: *„Bei dem Aufbau zelleigener Substanzen werden z.B. Fett oder Eiweiße aus dem Körper abgebaut, für die Energiegewinnung müssen Elektronen von Donatoren auf Akzeptoren übertragen werden. Als Donator treten wieder die organischen Substanzen wie Eiweiße und Fette auf, als Akzeptor dient meist Sauerstoff."* Infolgedessen ist Energiegewinnung bei ungenügender Sauerstoffverfügbarkeit unmöglich. [23]

8. Abhängigkeit der Konservierung von der Toxizität

a) Formaldehyd

Das vermutlich am weitesten verbreitete Fixierungsmittel ist die reaktive chemische Verbindung Formaldehyd. Es stoppt Fäulnis- und Verwesungsprozesse, wodurch Gewebe dauerhaft haltbar gemacht werden kann. Es hat die Eigenschaft, Proteine zu denaturieren und an ihren Aminogruppen zu vernetzten, indem es unter Wasserabspaltung an NH_2 – Gruppen addiert wird. Lysin- oder Arginin-Seitenketten von Proteinen werden nach folgendem Prinzip vernetzt: [28][29]

$$RNH_2 + CH_2O \rightleftharpoons RNHCH_2OH$$
$$RNHCH_2OH + RH \rightleftharpoons RNHCH_2R + H_2O$$

Da Enzyme ebenfalls Eiweiße sind, bewirkt Formaldehyd auch hier eine Inaktivierung. Dadurch kommt es zur Ausbildung sogenannter Methylenbrücken und Brücken per Schiff'schen Basen (vgl. Abbildung 3: Verkettung zweier Nukleophile durch Formaldehyd).

Dazu reagiert Formaldehyd im ersten Schritt mit einem starken Nukleophil. Üblich ist hier ein primäres Amin. Anschließend wird das entstandene Produkt – Methylol – dehydriert. Im Rahmen der darauffolgenden Kondensation bildet sich eine Schiff'sche Base. Dieses Zwischenprodukt reagiert im nächsten Schritt mit einem weiteren Nukleophil. Unter Ausbildung einer Methylenbrücke werden die beiden Moleküle kovalent miteinander verbunden. Auf diese

Abbildung 3: Verkettung zweier Nukleophile durch Formaldehyd

Weise werden angrenzende Nukleophile eines Proteines stabil verkettet. [30] Organisches Gewebe besteht aus einem Proteingerüst. Formaldehyd wirkt stabilisierend, da es die Fixierung der körpereigenen Proteine herbeiführt und so das Gewebe verhärtet. Die Bildung dieser Bindungen ist ausschlaggebend für die Konservierung, da die Proteine ohne Quervernetzungen beweglicher und daher leichter abbaubar sind. Gleichzeitig haben sie den Effekt, dass Bakterien abgetötet werden, da auch sie größtenteils aus Proteinen bestehen. Die Verkettung durch kovalente Vernetzer ist besonders effektiv, da es die Proteinstrukturen dauerhaft in einer ungünstigen Position fixiert, sodass die Proteine der Bakterien vollständig denaturiert werden und daher ihre ursprünglichen Funktionen nicht mehr erfüllen können (vgl. V.4.a) Gerbprozesse). [31]

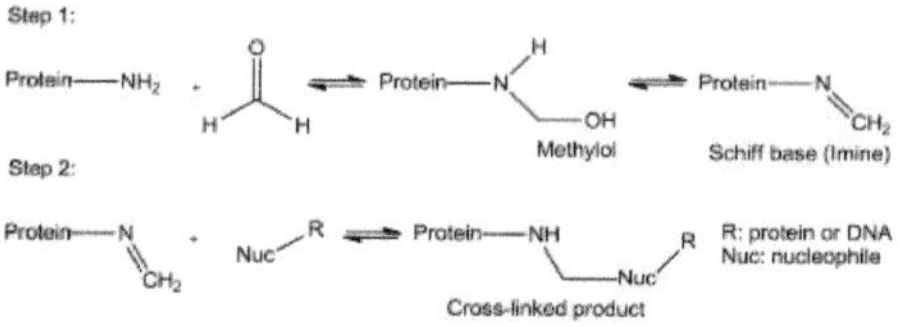

b) Alkohole

Reiner Alkohol wirken verwesungshemmend, da sie den Zellen durch das Prinzip der Osmose Wasser entziehen und damit die Funktionen der Zelle stark beeinträchtigen. Gibt man dem Alkohol 20 bis 35% Wasser hinzu, erweist er sich als sehr gutes Desinfektionsmittel, da die Wasser – Moleküle es dem Alkohol ermöglichen die Zellwand zu durchdringen. Im Zellinneren kommt es zu einer „Entfaltung" des komplexen Makromoleküls, da das polare Ethanol die intramolekularen hydrophoben Wechselwirkungen und Wasserstoffbrücken im Protein stören. Diese Anziehungskräfte sind allerdings sehr wichtig, um die Struktur des komplexen Makromoleküls beibehalten zu können. Sind diese Kräfte nicht mehr vorhanden, kann es sein, dass einzelne Membranlipide nicht mehr fest verankert sind und herausgelöst werden. Auch die Membranproteine verlieren ihre Funktion. Die gesamte Raumstruktur wird zerstört, was ein Bersten der Zellen zur Folge hat. Durch die Strukturveränderungen können lebenswichtige Funktionen nicht mehr ablaufen, was ein Ansterben der Mikroorganismen bewirkt, die ebenfalls aus Proteinen aufgebaut sind. Auch die Zellen von Bakterien und Pilzen werden irreversibel denaturiert, da die Inaktivierung ihrer Membranproteine einen Einbruch der Zellmembranen zur Folge hat. [23][32][33]

c) Schwermetalle

Während Schwermetalle für den Menschen erst in größeren Konzentrationen gesundheitsschädlich und toxisch sind, reichen bei Mikroorganismen bereits deutlich kleinere Mengen, um deren Wachstum zu hemmen. Wie sich das Schwermetall auf den Organismus auswirkt, hängt jedoch stark von dessen chemischen Eigenschaften ab. Als Beispiel soll der Fall eines Bergarbeiters in Falun, Schweden, herangezogen werden: 1719 entdeckte man die unversehrte Leiche eines 1670 verstorbenen Mannes in kupferhaltigem Wasser in einer Kupfermine. In ungebundener Form wirkt Kupfer antibakteriell. Kupfer – Ionen schädigen die DNA und Zellmembranen, indem sie sich an Proteine binden und stabile Komplexe ausbilden, die ebenfalls eine Vernetzung und Inaktivierung des aktiven Zentrums des Proteins zur Folge haben (vgl. V.4.a) Gerbprozesse). [23][31][34][35]

9. Abhängigkeit der Konservierung vom pH-Wert

Des Weiteren ist es möglich, das Wachstum unerwünschter Mikroorganismen durch eine Veränderung des pH – Wertes zu hemmen, da sie sehr empfindlich auf kleinste Änderungen reagieren. Wie am nebenstehenden Diagramm zu erkennen ist, hat jedes Enzym ein anderes pH – Wert – Optimum, da sie in verschieden Bereichen des Körpers effektiv sind, aber alle haben gemeinsam, dass sie nur in *einem bestimmten* Bereich wirksam sein können. Wird der pH-Wert nun also so stark angehoben oder gesenkt, dass er sich außerhalb dieses Bereiches befindet, geht die Enzymaktivität und damit die Reaktionsgeschwindigkeit gegen null. Dabei reichen schon minimale Änderungen des pH – Wertes

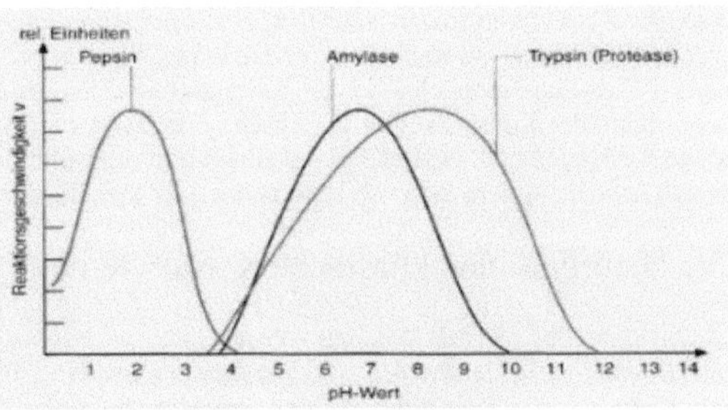

Abbildung 4: Abhängigkeit der Enzymaktivität vom pH-Wert

von eins bis zwei, um eine Aktivitätsänderung von Null auf das Maximum feststellen zu können (vgl. Abb. 4). Diese starken Reaktionen lassen sich auf Teilchenebene am Beispiel des Enzyms Amylase erklären, welches sein pH – Optimum bei sieben hat. Man unterscheidet zwei Fälle: Wird der pH – Wert erhöht, erfolgt eine Verschiebung ins basische Milieu. Da nun mehr Hydroxid – Ionen vorliegen, die Protonen aufnehmen können, kann es zur Deprotonierung funktioneller Gruppen kommen. Wird der pH – Wert stattdessen gesenkt, erfolgt eine Verschiebung ins saure Milieu. Es liegen mehr Oxonim – Ionen vor, die funktionelle Gruppen protonieren, indem sie Protonen angeben (vgl. Abb.:). Da Enzyme Polyelektrolyte sind, hängt ihre Ladung, und damit auch die Ladung und Struktur des aktiven Zentrums, sehr stark vom pH – Wert ab. Wird er variiert, kommt es zu Ladungsveränderungen und infolgedessen zu einer Verschiebung des Wirkungsbereiches, die nicht selten die Inaktivierung des Enzyms zur Folge hat (vgl. Anhang 2.e. Erklärung). [29][31]

10.   Abhängigkeit der Konservierung von der Sonneneinstrahlung

Tageslicht wirkt sich auf besondere Art auf die Konservierung aus: Licht ist eine Energiestrahlung, die in Form kleiner Energieportionen, den Photonen, von der Materie aufgenommen wird. Auch wenn eine intensive Sonneneinstrahlung eine Erhöhung der Temperatur und damit eine schnellere Verdunstung von Körperflüssigkeit zur Folge hat, sollte man lichtempfindliche Materialien keiner direkten Sonneneinstrahlung aussetzen: Trifft kurzwelliges, energiereiches Licht auf die chemischen Verbindungen, die die Moleküle, aus denen die Stoffe aufgebaut sind, miteinander verknüpft, kann es zur Aufspaltung dieser Bindungen kommen. Auch wenn diese photochemischen Reaktionen sehr langsam ablaufen, verursachen diese unaufhaltsamen und irreversiblen Prozesse auf Dauer Zersetzungserscheinungen an organischem Material. Neben intensiver Sonneneinstrahlung liefert auch Wärme solche Energie. Dies bewirkt eine Zersetzung der Stoffe beim Erhitzen. Da verschiedene Lichtquellen unterschiedliche Anteile an schädigender kurzwelliger, und damit sehr energiereicher, Strahlung haben, lässt sich der Schaden in Museen durch geschickte Auswahl und Dosierung des Lichtes vermindern. [36][37]

11.   Zusammenfassung

Es sollte unbedingt beachtet werden, dass eine Leichenkonservierung keinesfalls unendlich lang wirksam ist: Präparierte Leichname reagieren extrem empfindlich auf kleinste Veränderungen verschiedener

Faktoren, wie Temperaturerhöhungen oder Feuchtigkeit. Denn fallen die zur Konservierung notwendigen Verhältnisse weg, so setzen der Zerfall und die Zerstörung durch Mikroorganismen augenblicklich ein.

Zusammenfassend lässt sich feststellen, dass alle Konservierungsverfahren eine entscheidende Gemeinsamkeit haben: Sie zielen darauf ab, alle schädigenden Einflüsse, die die nach dem Tod natürlich eintretenden Zersetzungsprozesse des Körpers fördern, durch spezielle physikalische, biologische oder chemische Maßnahmen so stark zu reduzieren, dass das äußere Erscheinungsbild des abgestorbenen Organismus über einen möglichst langen Zeitraum bewahrt werden kann.

Dabei kann die Konservierung der Leiche durch natürlich vorkommende günstige Bedingungen oder bewusst eingeleitete künstliche Maßnahmen hervorgerufen werden kann. Je nachdem um welchen Fall es sich handelt, spricht man von natürlicher oder künstlicher Leichenkonservierung. [38]

IV. Natürliche und künstliche Konservierung

„Seit Anfang des 19. Jahrhunderts wurden Leichen durch das Injizieren eines Gemisches von Alkohol und Arsen(III)-oxid in den Blutkreislauf konserviert, wozu Herz, Gehirn und Eingeweide entfernt wurden. Während in vielen Fällen nur eine vorübergehende Konservierung für mehrere Monate oder Jahre erreicht wurde, erwiesen sich andere Leichen noch im 21. Jahrhundert als trocken und gut erhalten."
[38] Auffällig ist, dass die Ergebnisse sehr verschieden waren, obwohl die Bedingungen überall identisch erschienen. Die einzige logische Schlussfolgerung ist der Einfluss günstiger natürlicher Faktoren.

Das Wort Konservierung wird häufig mit den Mumifizierungstechniken ägyptischer Spezialisten in Verbindung gebracht. Doch diese eine Assoziation reicht bei Weitem nicht aus, um das gesamte Spektrum der verschiedenen Konservierungsarten abzudecken. Denn die Haltbarmachung von Gewebe ist keineswegs auf den Menschen angewiesen: Neben den künstlichen, also vom Menschen durchgeführten Maßnahmen, gibt es eine Vielzahl an natürlichen Konservierungsmechanismen, die allein durch spezielle Umweltbedingungen hervorgerufen werden und dadurch nicht auf menschliche Eingriffe angewiesen sind. [20][38]

Eine eindeutige Unterscheidung von natürlich und künstlich haltbar gemachten Organismen ist jedoch höchst problematisch, da Tote häufig bewusst an Orten mit konservierender Wirkung bestattet wurden. Auf diese Weise wird die Konservierung bei Leichen meist nicht ausschließlich durch eine Art der Haltbarmachung hervorgerufen. Vielmehr gehen beide Arten nahtlos ineinander über und verstärken sich in ihrer Wirkung. Ein berühmtes historisches Beispiel liefern die Mumien im alten Ägypten, die neben der aufwändigen Mumifizierung durch ägyptische Spezialisten auch durch das aride Klima in den trockenen Bestattungsräumen sehr gut erhalten geblieben sind. [20][38]

Demzufolge sind, wie in den meisten Fällen, wohl auch die oben genannten Leichen aus dem 19. Jahrhundert aufgrund einer geeigneten Kombination von natürlicher und künstlicher Leichenkonservierung so gut erhalten geblieben. [20][38]

V. Vergleich verschiedener Konservierungsverfahren auf der ganzen Welt

1. Mumifizierung im alten Ägypten

Die Mumifizierung im Alten Ägypten ist das vermutlich bekannteste künstliche Konservierungsverfahren der Welt, da sie überaus wirkungsvoll und langanhaltend ist. Betrachtet man die Funde der ersten Hochkultur der menschlichen Geschichte, so fällt schnell auf, dass die Ägypter Meister ihres Faches waren, obgleich alle Konservierungstechniken auf dieselben chemischen, physikalischen und biologischen Grundprinzipien zurückgeführt werden können. Im Folgenden soll ihre Herangehensweise genau beschrieben werden. [39][40]

a) Religiöser Hintergrund der Mumifizierung

Als Mumifizierung bezeichnet man die Methode, die Leiche eines verstorbenen Menschen oder Tieres möglichst lange vor dem Zerfall zu bewahren, um sie für ein Leben im Jenseits vorzubereiten. Dies erfolgte meist aus religiösen Gründen: Der gut erhaltene Körper ermöglichte dem verstorbenen Pharaonen den Übertritt in die Götterwelt. Durch den Himmelsaufstieg sollte dem Pharao die Wiedergeburt und ein Leben nach dem Tod ermöglicht werden. Wichtig war hierbei vor allem die Unversehrtheit der

Leiche. Obwohl diese Ehre zunächst nur Pharaonen vorbehalten war, wurde diese Praxis in Neuen Reich auch für „gewöhnliche Menschen" möglich. [39][40]

b) Erste Mumifizierungsversuche

Zunächst nutzte man günstige natürliche Bedingungen, die die Abbauprozesse weitgehend verhinderten. Ab der Prädynastischen Zeit begruben die Ägypter ihre Verstorbenen in der Wüste, die durch ihre Trockenheit, die Hitze und den Salzgehalt des Sandes einen perfekten Aufbewahrungsort mit konservierender Wirkung lieferte. Wie die Analysen der Mumien in Badari und Mostagedda zeigen, wurden schon sehr früh verschiedene Techniken ausprobiert. Die in Harz getränkten Leinenbinden, mit denen die Leichen einbandagiert worden waren, sollten die Körper durch ihre antibakterielle Wirkung vor dem Verfall bewahren. Später wurde die professionelle Leichenkonservierung durch ägyptischen Spezialisten zum gängigen Ritual. [39][40]

c) Ablauf der Mumifizierung

Die Mumifizierung beinhaltet weit mehr Schritte als der in Leinen eingewickelte Leichnam anfangs vermuten lassen würde: Nach einer ersten Säuberung der Leiche wurde das Gehirn transnasal mit einem gebogenen Eisenstab entfernt. Anschließend wurde Salböl in den Schädel gegossen, was das Gewebe vor bakterieller Zersetzung schützen sollte. [41] Schon früh fand man heraus, dass die sehr wasserhaltigen inneren Organe entfernt werden mussten, um die Abbauprozesse zu stoppen. Sie wurden durch trockeneres Material wie beispielsweise Leinentücher ersetzt. Das wichtigste Organ jedoch, das Herz, welches der Sitz des menschlichen Verstandes und der Persönlichkeit war, ließ man aus religiösen Gründen im Körper zurück. [42] Nach der Entfernung der restlichen Eingeweide erfolgte eine zweite

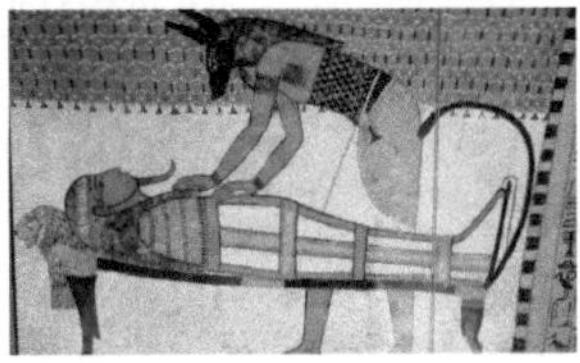

Abbildung 5: Der Priester mit der Maske des Anubis mumifiziert den Verstorbenen

Waschung des Bauchraumes mit Palmwein und anderen aromatischen Substanzen. Den nächsten Schritt bildete die Behandlung der Eingeweide. Die Dehydratisierung des Körpers und der Organe durch Natron nahm circa 35 bis maximal 70 Tage in Anspruch. Erst nach der dritten Waschung begann die eigentliche Balsamierung: Die entnommenen Organe und Eingeweide wurden eingesalbt und vollständig präpariert, bevor sie in Kanopen beigesetzt wurden. Zum Schutz der Eingeweide waren die Deckel der Kanopen den Köpfen der Schutzgötter nachempfunden. [43] Durch das Ausstopfen des Leichnams mit verschiedenen Kräutern, Gewürzen, Ölen, Fetten, Harzen, Natronbeutel, Sägespänen und anderen gut riechenden Stoffen konnte vermieden werden, dass die Leiche in sich zusammenfiel. Häufig wurde die Bauchhöhle mit Myrrhepulver gefüllt. Die trockenen Materialien saugten die Körperflüssigkeit auf und beschleunigten den Trocknungsprozess, wodurch ihnen eine stark konservierende Wirkung zugeschrieben wurde. Das Einreiben der spröden und ausgetrocknet aussehenden Haut mit erhitztem Salböl sorgte für mehr Elastizität und Geschmeidigkeit. Anschließend wurden alle Schnitte säuberlich verschlossen und der gesamte Leichnam mit Bandagen umwickelt. Die Öffnungen wurden nur selten grob wieder zusammengenäht. Üblicher war stattdessen der Verschluss der Mumie mittels heißem Wachs und bei königlichen und wohlhabenden Persönlichkeiten mit einer dünnen Goldschicht. [44] Bei aufwändig hergestellten Mumien gab es zudem einige ästhetische Eingriffe. So kamen beispielsweise den Nägeln, den Augen, dem Mund und den Zehen besondere Behandlungen zu. Die Haare wurden künstlich verlängert und gefärbt und die schrumpfenden Augäpfel ersetzte man durch Zwiebeln oder bemalte Steine. Mithilfe von Stoffresten und Prothesen aus Holz im Falle von fehlenden Körperteilen modellierte man die Leiche, um ihre ursprünglichen Konturen wiederherzustellen. [43][44][45] Bei der Bandagierung wurden alle Einzelteile zunächst einzeln umgewickelt und mit klebrigem Harz zusammengefügt und schließlich mit einer letzten Schicht bemalter Mumienbinde umhüllt. Häufig waren auf den großen Leinentüchern gemalte Götter zu sehen. Das Ritual des Einbandagierens hatte den Sinn, den Toten körperlich durch zahlreiche Binden und geistig mithilfe von magischen Beigaben zu schützen. Ein Priester, der eine schakalköpfige Maske des Gottes Anubis trug, bewachte das heilige Ritual (vgl. Abb. 5). Dies zeigt erneut die starke innere Verbundenheit der Ägypter mit ihren Göttern. Der starke Glaube an ein Leben nach dem Tod zeigt sich auch an den vielen mystischen Beigaben: Die beigefügten Amulette, Talismane, Halbedelsteine und mit Gold verzierten Skulpturen hatten besondere Funktionen: Sie sollten den Toten schützen und dessen

Regeneration im Totenreich garantieren. [43] Ein mit magischen und mystischen Zeichen bemalten Glückskäfer, ein Herzskarabäus, sollte sicherstellen, dass sich das Herz im Totengericht nicht gegen seinen Eigentümer wandte. Damit sich der Verstorbene im Totenreich zurechtfand, gab man ihm eine mehrere Meter lange Papyrusrolle mit Zaubersprüchen und Ratschlägen mit auf die Reise. Dieses sogenannte Totenbuch ähnelte einem Reiseführer ins Jenseits. Ein meist kunstvoll bemalter Sarg bildete die letzte schützende Schicht. Als wichtige Folgen des Mumifizierungsprozesses sind eine feste lederartige Vertrocknung der Haut, starker Gewichtsverlust und eine Schrumpfung des Gewebes zu nennen. [40][46][47][48][49]

2. Wüstenmumien

Alle Wüsten haben gemeinsam, dass aufgrund extremen klimatischen Bedingungen keine oder nur eine sehr spezialisierte Vegetation überleben kann. Nach ihren klimatischen Bedingungen lassen sie sich grob in Trocken – und Kältewüsten einteilen. Die Hauptursache für den guten Erhaltungszustand der Wüstenmumien ist die Trockenheit. Neben der Sonneneinstrahlung führt sowohl trocken kalte als auch trocken warme Luft zu einem schnellen Entzug der verwesungsfördernden Flüssigkeit. Die Konzentration an Wassermolekülen in der unmittelbaren Umgebung der Leiche ist um einiges geringer als im Körperinnenraum. Infolgedessen diffundieren die Wasserteilchen nach außen, um das Konzentrationsgefälle auszugleichen. Dadurch trocknet die Haut des toten Organismus stark aus, verfestigt sich und verhindert eine neue Wasseraufnahme. Ein weiterer günstiger Faktor ist der heiße Wüstensand, der den Trocknungsprozess begünstigt. Besonders Sand mit einem hohen Salz – oder Natriumgehalt fördert die Mumifizierung. Auch bei den beiden bekannten Mumien aus der Taklamakan – Wüste ist die gute Konservierung wohl auf das trockene Wüstenklima und die salzhaltigen Böden zurückzuführen (vgl. III.1.b) Einfluss der Temperatur am Beispiel von Wüstenmumien). [50]

3. Salzmumien

Durch ihren hohen Salzgehalt wirken auch Salzwüsten und Salzseen konservierend. Dies lässt sich auf die hygroskopischen Eigenschaften von Trockensalzen zurückführen. Wenn sich Salz in Wasser löst, bildet sich eine Hydrathülle um die Ionen. Da Salz die „Feuchtigkeit" an sich binden kann, wirkt es austrocknend auf seine Umgebung. Durch den Entzug der verwesungsfördernden Flüssigkeit wird das Bakterienwachstum gehemmt. Zudem strebt das Salz ein osmotisches Gleichgewicht an. Im Falle eines Konzentrationsgefälles diffundieren die Wassermoleküle aus dem Körper heraus, wodurch sich die Wasserkonzentration im Körper stark verringert und das Wachstum der auf Wasser angewiesenen Bakterien zum Erliegen kommt. [51]

4. Moorleichen

Das Hauptmerkmal von Mooren ist der ständige Wasserüberschuss, der einen Sauerstoffmangel bewirkt und so die mikrobielle Zersetzung hemmt. Eine weitere Eigenschaft ist das saure Milieu, das durch die enthaltenen Torfmoose zustande kommt, die Protonen abgeben, um stattdessen Nährstoffe aufnehmen zu können. Die abgegebenen Protonen führen zu einer hohen Konzentration an Oxonium-Ionen, die den pH-Wert absenken. [52] Doch der Sauerstoffmangel und der hohe Säuregrad sind nicht die Hauptgründe für die natürliche Konservierung der Moorleichen. Besonders Polysaccharide in Torfmoosen spielen eine wichtige Rolle. Ein Beispiel ist Sphagnan, das in den Zellwänden gespeichert und nach dem Absterben der Pflanzen freigesetzt wird. In mehreren Reaktionsschritten wird es in Humussäure umgewandelt. Genau wie die einzelnen Zwischenstufen, kann auch Humussäure Calcium und Stickstoff chemisch an sich binden. Stehen diese beiden Stoffe den Bakterien nicht ausreichend zur Verfügung, wirkt sich dies negativ auf deren Wachstum aus.

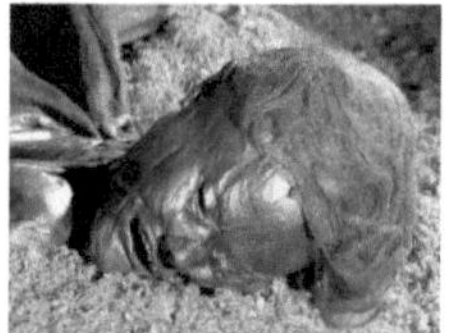

Abbildung 6: Eine der bekanntesten Moorleichen der Welt: Der Grauballe-Mann

Einer der berühmtesten Moorleichen-Funde ist der sogenannte Grauballe-Mann (vgl. Abb. 6). Er wurde 1952 in einem Moor nahe der Stadt Grauballe in Dänemark gefunden. Natürliche Gerbprozesse machen ihn zu einer der besterhaltenen und bekanntesten Moorleichen Dänemarks. [53][54][55]

a) Gerbprozesse

Bei Gerbprozessen handelt es sich um langfristige Konservierungsprozesse von Haut mithilfe von Gerbstoffen, die die in der Haut enthaltenden Proteine vernetzen (vgl. Abb. 7). Dabei spielen die sogenannten Polyphenole wie die Tannine eine wichtige Rolle. Es handelt sich um komplexe aromatische Verbindungen, die sich durch ihre zahlreichen Hydroxy–Gruppen auszeichnen. Dies ermöglicht es ihnen Quervernetzungen zwischen Makromolekülen wie Proteinen zu bilden. Da die Enzyme zum großen Teil aus Proteinen bestehen, schützen sie das Gewebe vor dem Zerfall durch Mikroorganismen, indem die Proteine so fest miteinander vernetzt werden, dass die

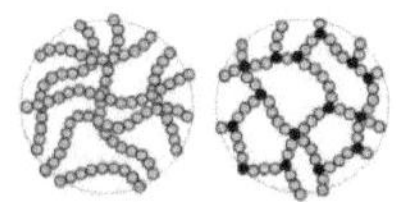

Abbildung 7: Schematische Darstellung eines Proteins vor und nach der Vernetzung

Enzymaktivität stark beeinträchtigt wird. Neben den schwächeren Wechselwirkungen, den van-der-Waals-Kräften und Dipol-Dipol-Wechselwirkungen, die für eine zusätzliche Stabilisierung sorgen, führen vor allem ionische und kovalente Bindungen zu einer stabileren Vernetzung der Moleküle. Das ist für die Konservierung von größter Bedeutung, denn unvernetzte Proteinfasern sind beweglicher und leichter abbaubar. Besonders Quervernetzungen durch kovalente Bindungen sorgen für eine größere Stabilität der Proteinfasern. Dabei wird nicht nur das aktive Zentrum der Proteine zerstört, sondern dessen gesamte Raumstruktur. Anders als bei einer Ethanol-, Säure- oder Base-Denaturierung wird das komplexe Molekül nicht entfaltet, sondern durch zusätzliche Bindungen in einer Position befestigt, die nicht seiner ursprünglichen Struktur entspricht, wodurch es sämtliche Funktionen verliert. Zusammenfassend lässt sich feststellen, dass in allen Fällen Gerbstoffe eine feste Vernetzung der Kollagenfasern bewirken, wodurch die Stabilisierung und die Haltbarkeit des organischen Materials gesteigert werden. [31][56][57]

b) Probleme bei der Bergung einer Leiche

Es muss jedoch unbedingt beachtet werden, dass das Wachstum der Bakterien nicht länger gehemmt wird und die Zerfallsprozesse ungehindert stattfinden können, wenn der Leichnam aus dem Moor geborgen wird. Damit die Konservierung von Dauer ist, müssen daher die nach der Bergung wegfallenden natürlichen Konservierungsprozesse nun durch künstliche Maßnahmen ersetzt werden. Eine Möglichkeit ist die Aufbewahrung der Leiche in Moorflüssigkeit, um die gleichen Bedingungen wie an ihrem Fundort zu schaffen. [58]

5. Permafrostleichen

Wird eine Leiche geborgen und auf diese Weise aus ihrem bisherigen Umfeld, dass sich durch natürlich vorkommende günstige Gegebenheiten auszeichnet, entfernt und anschließend unter normalen Bedingungen aufbewahrt, setzen schnell die natürlichen Zerfallsprozesse ein. Ist dies jedoch nicht der Fall und die Leiche bleibt über eine längere Zeit unentdeckt, wird sie durch die extrem niedrigen Temperaturen „gefriergetrocknet", wobei alle an der Zersetzung beteiligten Mechanismen zum Erliegen kommen (vgl. III.1. Abhängigkeit der Konservierung von der Temperatur). Es entsteht eine Permafrostleiche. [59][60][61]

a) Der Mann aus dem Eis

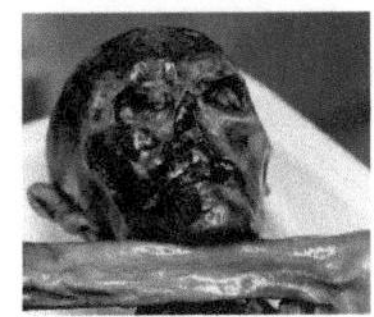

Abbildung 8: Die berühmteste Mumie der Welt: Ötzi

Genau dies war der Fall bei Ötzi, dem Mann aus dem Eis (vgl. Abb. 8), der etwa im Jahr 3300 vor Christus gestorben ist, aber erst 1991 von einem Nürnberger Ehepaar gefunden wurde. Die weltweit bekannteste Gletschermumie wurde durch die Gefriertrocknung so gut konserviert, dass sie mehrere Jahrtausende überdauerte. Während dieser langen Zeit konnte Wasser in der Leiche wird an die trockene Umgebungsluft abgegeben werden, sodass sämtliche Zerfallsprozesse ausblieben. [59][60][61]

b) Fressfeinde

Doch Erosions- oder Zersetzungsprozesse sind nicht das einzige Problem: Damit die Leiche vollständig konserviert werden kann, sollte sie zudem keinen Tieren ausgesetzt sein. Aus diesem Grund ist man sich sicher, dass die meisten Gletschermumien komplett von einer schützenden Eisschicht umgeben waren, die sie vor jeglicher Beschädigung vor Aasfressern bewahrt hat. [59][60][61]

VI. Mumienuntersuchung

Die Möglichkeiten chemischer Untersuchungsmethoden von Mumien sind vielfältig. Ein Verfahren, das uns genauere Erkenntnisse über die DNA des abgestorbenen Organismus liefert, ist die Didesoxymethode nach Sanger. Diese klassische Methode der DNA – Sequenzierung ermöglicht es, die Basensequenz eines einzelnen DNA – Strangs oder eines ganzen Genoms zu bestimmen. Dabei wird ein komplementärer und radioaktiv oder mit Fluoreszenz – Farbstoffen markierter DNA – Strang in vitro synthetisiert. Die Verwendung von Didesoxynucleotiden ist die Ursache des vorzeitigen und zufallsmäßigen Kettenabbruchs und der unterschiedlich langen DNA – Fragmente.
Bevor mit der eigentlichen DNA – Analyse begonnen werden kann, müssen die DNA – Reste gereinigt und mithilfe der PCR – Methode² vervielfältigt werden. Die gewonnen PCR – Amplifikate können nun mithilfe von verschiedenen Sequenzierungsverfahren untersucht werden.
Heutige Methoden beruhen hauptsächlich auf der Didesoxymethode beziehungsweise Kettenabbruchmethode nach Sanger. Dabei handelt es sich um eine enzymatische Methode, die der Polymerase – Kettenreaktion sehr ähnlich ist. Sie lässt sich grob in drei Schritte gliedern. [62][63][64][65]

1. Denaturierung

Da die DNA natürlicherweise als Doppelstrang vorliegt, müssen im ersten Schritt die Wasserstoffbrücken, die die beiden antiparallel verlaufenden Einzelstränge miteinander verbinden, aufgetrennt werden. Damit die sogenannte Denaturierung selbstständig abläuft, ist eine Temperatur von ungefähr 94°C notwendig, um die Anziehungskräfte zwischen den Molekülen zu überwinden. [62][63][64][65]

2. Primerhybridisierung

Im Laufe der Hybridisierung lagert sich ein Primer mit bekannter Sequenz bei ungefähr 60°C an einen der beiden Einzelstränge an und bildet ein kurzes Stück Doppelstrang. Die bei der bei der DNA – Sequenzierung verwendeten Primer sind radioaktiv markiert, um die DNA – Fragmente später auf einem Röntgenfilm sichtbar machen zu können. [62][63][64][65]

3. Polymerisierung

Als letzter Schritt erfolgt die Polymerisierung beziehungsweise Extension, bei der das Enzym DNA – Polymerase den komplementären DNA – Strang synthetisiert. Bei einer Temperatur von circa 74°C lagert sich die DNA – Polymerase an den Primer an und bildet die komplementäre DNA – Matrize mithilfe von vorher zugegebenen Desoxynukleosidtriphosphaten, kurz dNTP, nach. Je nachdem um welche der vier Basen Adenin, Thymin, Cyanin und Guanin es sich handelt, spricht man von dATP, dTTP, dCTP und dGTP. Wie an der nebenstehenden Abbildung, die die Base Adenin zeigt, gut zu erkennen ist, haben Desoxynukleotidtriphosphate eine Hydroxygruppe am 3'-C-Atom. Außerdem wird pro Ansatz jeweils eine der vier Basen als Didesoxynukleosidtriphosphat, kurz ddNTP, hinzugegeben. Dementsprechend spricht man bei den Didesoxy – Varianten der dNTPs von ddATP, ddTTP, ddCTP oder ddGTP. Wie auf der nebenstehenden Abbildung gut zu erkennen ist, fehlt diesen chemisch modifizierten Nukleotiden am 3'-C-Atom die Hydroxygruppe, die für die

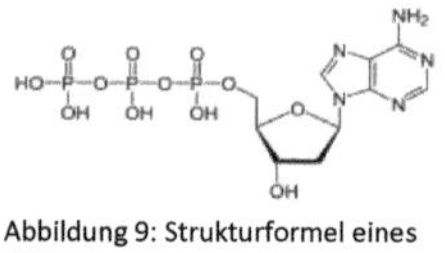

Abbildung 9: Strukturformel eines dATPs

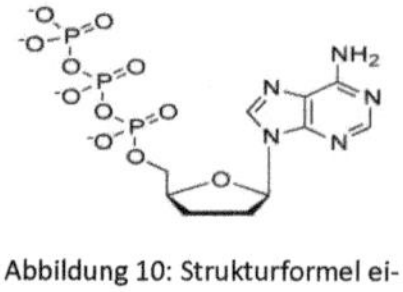

Abbildung 10: Strukturformel eines ddATPs

---

² PCR steht kurz für **Polymerase-Chain-Reaction**. Es handelt sich um eine Methode zur Vervielfältigung der DNA.

Verbindung mit dem nächsten Nukleotid jedoch unbedingt notwendig ist. Dies liegt daran, dass die kovalente Bindung zwischen zwei Nukleotiden durch den nucleophilen Angriff der freien OH-Gruppe am 3'-C-Atom an die Phosphat-Gruppe des Desoxynucleosidtriphosphates entsteht. [62][63][64][65]

Ist die OH – Gruppe vorhanden, kommt es zur Verlängerung des DNA – Strangs. Auf der nebenstehenden Abbildung ist zu sehen, dass die Hydroxygruppe am 3'-C-Atom eine kovalente Bindung mit dem Pospahtrest des nächsten dNTPs ermöglicht. Ist dies jedoch nicht der Fall ist eine weitere Synthese des neu gebildeten DNA – Strangs nicht mehr möglich, was zum Kettenabbruch führt, sobald ein ddNTP eingebaut wurde. Dieser Vorgang wird als Termination bezeichnet. Ob ein dNTP oder ein ddNTP eingebaut wurde, entscheidet allein der Zufall. Folglich ist bei es jedem DNA – Strang anders wie schnell es zum Stopp der Polymerisationsreaktion kommt. Aus diesem Grund entstehen in jedem einzelnen Ansatz DNA – Fragmente, die verschieden lang sind, jedoch immer mit dem gleichen ddNTP enden. [62][63][64][65]

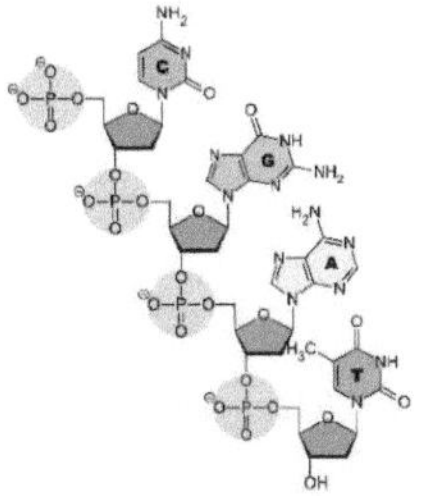

Abbildung 11: Schematische Darstellung eines DNA-Abschnitts

Das Ergebnis der Sequenzier – Methode sind DNA –Fragmente, die nur zum Teil aus Doppelsträngen aufgebaut sind. Für eine genaue Längenbestimmung müssen nun die neu synthetisierten DNA – Abschnitte vom Matrizenstrang durch Denaturierung getrennt werden. Mithilfe des Gelelektrophorese – Verfahrens lassen sich jetzt die unterschiedlichen Syntheseprodukte aus den vier Ansätzen der Größe nach auftrennen und anschließend auf einem Röntgenfilm sichtbar machen. Die DNA – Moleküle unterscheiden sich in ihrer Länge um jeweils ein Nukleotid voneinander, sodass die Basensequenz einfach abgelesen werden kann. Dabei ist zu beachten, dass es sich bei den sichtbar gemachten DNA – Fragmenten, die sich jeweils um ein Nukleotid unterscheiden, um die komplementäre Sequenz der eigentlichen DNA – Matrize handelt. [62][63][64][65]

4. Wissenschaftliche Fortschritte

Seit der Erfindung der Sequenzier – Methode hat es einige Fortschritte in dessen Weiterentwicklung gegeben. Heutzutage werden hauptsächlich mit vier verschiedenen Fluoreszenz-Farbstoffen markierte ddNTPs eingesetzt. Dadurch kann die Reaktion in einem einzigen Ansatz durchgeführt werden und es werden keine Radioisotope benötigt. Stattdessen werden die mit Fluoreszenz-Farbstoffen markierten Moleküle mithilfe eines Lasers angeregt und können durch ihre unterschiedlichen Farben von einem Detektor erkannt werden. Ein Elektropherogramm[3] gibt die Basensequenz der DNA – Matrize wieder. [66][67]

VII. Der aktuellste Stand der Wissenschaft

Anders als im Alten Ägypten, wo es darum ging die Leiche des Verstorbenen auf ein Leben nach dem Tod vorzubereiten (vgl. V.1. Mumifizierung im Alten Ägypten), beschränken sich die meisten modernen Präparationstechniken auf eine übergangsweise Konservierung. Ziel es ist, den toten Körper nur einige Tage bis Wochen bis zur Beisetzung zu erhalten. Deshalb reicht die hygienische und ästhetische Behandlung des Verstorbenen in den meisten Fällen völlig aus, um den Angehörigen eine würdevolle Abschiednahme zu ermöglichen. Ist der Körper jedoch durch eine Gewalteinwirkung, wie nach einem Unfall oder zum Beispiel in Folge einer Krankheit stark entstellt, müssen weitere Maßnahme ergriffen werden. [68][69][70]

1. Thanatopraxie

Der Begriff kommt aus dem Griechischen und lässt sich sinngemäß mit Tod, Gott des Todes und Handwerk übersetzen. Er stammt aus dem Bereich des Bestattungswesens und beschreibt alle Maßnahmen, die neben einer hygienischen Versorgung notwendig sind, um den Leichnam bis zur Beerdigung ästhetisch wiederherzustellen. Dies wird durch spezielle Kosmetik, Restauration oder Rekonstruktion erreicht. [68][69]

---

[3] Ein Elektropherogramm gibt die Ergebnisse einer Elektrophorese graphisch wieder.

2. Modern Embalming

Eine weitere Möglichkeit, die Zersetzung des Leichnams möglichst lange zu unterbinden, ist das sogenannte Modern Embalming. Hierbei macht man sich die desinfizierende und verwesungshemmende Wirkung von Formaldehyd zunutze. [70]

a) Ablauf

Nachdem die Flüssigkeit beispielsweise über die Halsschlagader ins Arteriensystem gepumpt wurde, verteilt sich die Substanz durch die Zellwände im ganzen Körper. Da über die Venen im Austausch dafür das Blut wieder herausgeleitet wird, kann man von einer kurzzeitigen Konservierung im Dialyseverfahren sprechen. Ausmaß und Dauerhaftigkeit der Konservierung hängen von der Konzentration und Zusammensetzung der verwesungshemmenden Substanz ab. Heutzutage kommen vorwiegend 4 – bis 8 – prozentige Formaldehyd – Lösungen zum Einsatz, die häufig Farbstoffe und Duftessenzen enthalten, ohne die der Körper eine leichte Graufärbung und den typischen Leichengestank annehmen würde. Die konservierenden Eigenschaften des Formaldehyds beruhen darauf, Proteine zu denaturieren und zu vernetzen, da unvernetzte Proteinfasern deutlich beweglicher und damit leichter abbaubar sind (vgl. V.4.a) Gerbprozesse). [70]

b) Wissenschaftliche Fortschritte

Die moderne Forschung hat gezeigt, dass vor allem Glutaraldehyd ein geeigneter Quervernetzer von Proteinen ist, da hier *zwei* Aldehyd – Gruppen des bifunktionalen Moleküls an zwei freie Amino – Gruppen kovalent binden können (vgl. Abb. 12). Auf diese Weise wird die Proteolyse verringert und die Stabilität erhöht. [71]

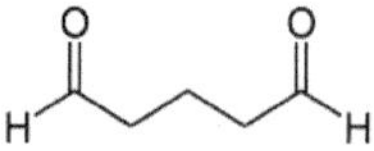

Abbildung 12: Strukturformel des Moleküls Glutaraldehyd

3. Kryonik

Der Begriff Kryonik kommt aus dem Altgriechischen und lässt sich mit „Eis" oder „Frost" übersetzten. Es handelt sich hierbei um das Einfrieren von Leichen oder einzelner Organe. Das starke Herunterkühlen hat zur Folge, dass sämtliche chemische Reaktionen ausbleiben und der Zerfall weitgehend gestoppt wird (vgl. III.1. Abhängigkeit der Konservierung von der Temperatur). Infolgedessen ist das Gewebe länger haltbar und es lässt sich zu gegebener Zeit in der Zukunft „wiederbeleben". Das Verfahren kommt neben der Haltbarmachung von Tier- und Pflanzenzellen auch bei menschlichem Blut, Spermien, Eizellen und Embryonen zum Einsatz. [72][73][74]

a) Probleme bei der Kryokonservierung

Theoretisch ist die Kryokonservierung über einen längeren Zeitraum denkbar, praktisch jedoch beschränkt sie sich momentan noch auf den Einsatz bei Operationen am offenen Herzen. Die fehlerfreie Umsetzung auf Jahre ist nach wie vor noch nicht möglich, da sich unlösbare Probleme ergeben.
Bislang kommt es immer wieder zu irreversiblen Schädigungen größerer Organe, die bis dato nicht wieder rückgängig gemacht werden können. Die eingesetzten Frostschutzmittel, die größere Zellschäden vermeiden sollen, müssten immer genau auf jeden einzelnen Zelltyp angepasst sein, was sich bisher noch nicht umsetzen ließ.
Neben dem Einfrieren ist auch das Wiederauftauen problematisch. Zweierlei kann hier zu einer Schädigung des Gewebes führen: Um die körpereigenen Eiweiße nicht zu denaturieren, muss penibel darauf geachtet werden, kritischen Temperaturbereiche nicht zu überschreiten. Wenn die Temperatur zu schnell erhöht wird, kann es zu einem Anschwellen der Membranen im Gehirn kommen und folglich zu inneren Blutungen. [72][73][74]

b) Der Fall von Anna Bågenholm

Aufsehen erregte in diesem Zusammenhang der Fall einer schwedischen Ärztin. Bei einem Skiunfall 1999 wurde Anna Bågenholm so zwischen zwei Felsbrocken eingeklemmt, dass sie sich nicht befreien

konnte. Eine Luftblase ermöglichte es ihr zwar zu atmen, aber aufgrund der extrem niedrigen Temperaturen wurde sie komplett unterkühlt. Erst nach eineinhalb Stunden konnte sie aus dem Eis befreit werden. Eine erste Untersuchung zeigte, dass ihre Körpertemperatur auf unter 14°C gesunken war. Sie wurde umgehend mit hundertprozentigem Sauerstoff versorgt und ihr Blut mithilfe eines Wärmetauschers vorsichtig aufgewärmt. Ihr Herz hatte drei Stunden lang nicht geschlagen und sie war klinisch für tot erklärt worden. *"Entscheidend war jedoch"*, so Chefarzt Mats Gilbert, *"dass sie schneller abkühlte, als ihr Herz zu schlagen aufhörte. Ihr Körper - insbesondere ihr Gehirn - wurde so in einem praktisch unbeschädigten Zustand konserviert."* [73]
Es grenzt an ein Wunder, dass Anna Bågenholm fünf Monate nach dem Unfall vollkommen gesund war. Bis dahin hatte noch nie ein Mensch eine so extreme Unterkühlung überlebt. Abgesehen von künstlich herbeigeführten, kontrollierten Unterkühlungen bei komplizierten Herzoperationen.

c) Kryokonservierung in der Medizin

Bei chirurgischen Eingriffen am offenen Herzen nutzt man diese Technik bereits heute erfolgreich. Während der Operation wird der Patient stark heruntergekühlt – das Herz schlägt dann vorübergehend nicht mehr.
Gegenstand momentaner Forschung stellt die Konservierung des menschlichen Gehirns dar. Bei anderen Organen ist man gegenwärtig eher der Meinung, sie irgendwann durch künstlich hergestellte Gewebestrukturen zu ersetzen. [72]

VIII. Schluss

Sowohl als schaurige Filmprotagonisten als auch als wertvolle Relikte der Vergangenheit – Mumien faszinieren den Menschen nach wie vor. Immer modernere Methoden ermöglichen es heutigen Forschern ihnen ihre Geheimnisse zu entlocken. Ungelöste Probleme wie beispielsweise die irreversiblen Schäden bei der Kryokonservierung spornen die Wissenschaft an, Lösungen zu finden, um diese Techniken auch im großen Stil einzusetzen. Die stetige Verbesserung unserer technischen Möglichkeiten, zeigt uns: Was heute noch wie Science-Fiction wirkt, kann morgen schon Realität sein. Häufig ist das nur noch eine Frage der Zeit.

Anhang

Versuche zu Osmose

Die Diffusion durch eine semipermeable Membran nennt man Osmose. Die Diffusion erfolgt dabei nur einseitig, um das Konzentrationsgefälle zwischen intra – und extrazellulärem Raum auszugleichen. Man unterscheidet Wassermoleküle, die die Membran durchdringen können, und Stoffe wie hochmolekulare Zucker und Ionen von Salzen, die diese Eigenschaft nicht besitzen. Eine Ladungstrennung hat einen osmotischen Druck und die Diffusion von Wasserteilchen zur Folge, bis das Konzentrationsgefälle ausgeglichen ist und sich ein Ladungsgleichgewicht eingestellt hat. Infolgedessen diffundieren die Wassermoleküle immer vom Bereich mit der höheren Wasserteilchen-Konzentration in den Bereich mit der geringeren Konzentration. Hat sich ein Konzentrationsgleichgewicht eingestellt, diffundieren gleich viele Teilchen in beide Richtungen. [75]

1. Osmose – Modell

Besonders die Art der Leichenkonservierung von Salz – und Wüstenmumien, die neben der trockenen Umgebungsluft vor allem durch die salzhaltigen Böden wurden, sind auf das Prinzip der Osmose zurückzuführen (vgl. V.2. Wüstenmumien und V.3. Salzmumien).

a. Material

Geräte:
3 Bechergläser, 3 durchsichtige Plastik – Filmdöschen, 3 passende Stopfen mit Loch, 3 Messpipetten, Cellophan – Folie[4], Schere, Skalpell, Stativ, Klemme, Muffe, Schutzbrille

Chemikalien:
destilliertes Wasser, 50%ige Saccharoselösung (Rohrzucker), Neutralrot, Vaseline

b. Durchführung

Der Deckel des Filmdöschens wird so ausgeschnitten, dass nur ein festsitzender Ring übrig bleibt. Der Boden wird mithilfe des Skalpells komplett entfernt. In dieses Loch steckt man einen passenden Stopfen mit Messpipette und dichtet den Stopfen mit Vaseline ab. Die Öffnung hält man mit einem Finger geschlossen und füllt das Döschen mit der rot gefärbten Saccharoselösung. Ein Stück der Cellophan – Folie wird über den Dosenrand gelegt und mit dem ausgeschnittenen Deckel fest eingespannt. Das Filmdöschen kann nun in ein mit destilliertem Wasser gefülltes Becherglas gehängt werden. Diesen Vorgang wiederholt man anschließend noch zwei Mal. Allerdings wird beim zweiten Ansatz das destillierte Wasser auf eine Temperatur von 40°C erhöht. Beim dritten Ansatz wird anstelle der Saccharoselösung ein saugfähiges Papierhandtuch gestopft (vgl. Abb. 13).

Abbildung 13: Aufbau des Osmose-Modells

c. Beobachtung

Die Flüssigkeitssäule in der Messpipette steigt an. Das entmineralisierte Wasser im Becherglas bleibt farblos. Die Flüssigkeit steigt im Versuch mit dem heißen Wasser stärker an. Das Papierhandtuch saugt sich mit Wasser voll.

---

[4] alternativ: zuvor in Wasser eingelegter Dialyseschlauch

d. Erklärung

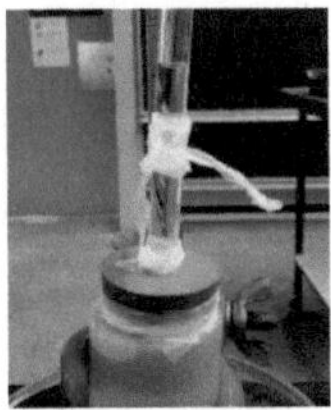

Abbildung 14: Anstieg in der Flüssigkeitssäule

In diesem Experiment stellt die Cellophan – Folie die semipermeable Membran dar. Diese ist für die Saccharoselösung undurchlässig, die Wassermoleküle können passieren. Die Konzentration an Wassermolekülen ist im Filmdöschen um einiges geringer als im Becherglas. Infolgedessen diffundieren sie durch die Cellophan-Folie in die Saccharoselösung. Dadurch gelangt immer mehr Wasser in das Filmdöschen und die Flüssigkeitssäule in der Messpipette steigt an (vgl. Abb. 14). Zudem gilt: Je wärmer das Wasser, desto größer ist die Teilchenbewegung und desto größer die Wahrscheinlichkeit, dass ein Wassermolekül durch die Cellophan-Folie in die Saccharoselösung

Abbildung 15: Das Papier hat sich vollgesaugt.

diffundiert. Da bei einer höheren Wassertemperatur deutlich mehr in das Filmdöschen diffundiert, steigt die Flüssigkeitssäule in der Messpipette hier stärker. Beim dritten Ansatz „saugt" das Papierhandtuch immer mehr Wasser durch die Cellophan – Folie (vgl. Abb. 15), da die Wasserkonzentration des trockenen Papiertuches deutlich geringer ist als im Becherglas. Der Wasserstrom erfolgt solange, bis auf beiden Seiten gleiche Konzentrationen herrschen. [76]

Das Osmose-Modell ist ideal, um die tierische Zelle „nachzuahmen", da die einzelnen, für die Osmose relevanten, Bestandteile der Zelle auch im Nachbau zu finden sind (vgl. Tab. 1)

Tabelle 1: Vergleich des Osmose-Modells mit einer tierischen Zelle[5]

Osmose – Modell	**Tierische Zelle**
destilliertes Wasser	intrazelluläre Flüssigkeit
Cellophan – Folie	Biomembranen
osmotisch wirksame Lösung	Außenmedium (Zwischenzellflüssigkeit)
steigende Höhe der Flüssigkeitssäule	steigender osmotischer Druck der Zelle
Eigengewicht der Flüssigkeitssäule	Membranwiderstand

2. Nachstellung der verschiedenen Konservierungsverfahren

a. Material

<u>Geräte:</u>
6 kleine Gläser mit Schraubverschluss, Fleisch[6], Waage, Bechergläser, Kühlschrank, Schutzbrille

<u>Chemikalien:</u>
destilliertes Wasser, Isopropanol, Natriumchlorid, Saccharose (Rohrzucker), Zitronensäure

b. Durchführung

Das Fleisch wird in sechs ungefähr gleich große Stücke geschnitten. Dabei sollte darauf geachtet werden, dass die Stücke in die Gläser passen.

---

[5] Quelle: Biochemische und physiologische Versuche mit Pflanzen (Seite 104 ff.). Aloysius Wild, Volker Schmitt. Springer-Verlag Berlin Heidelberg 2012
[6] Die Größe des Fleisches sollte auf die Größe der Gläser angepasst sein.

c. Ansätze

1. Ansatz: Das Glas wird mit Isopropanol befüllt, bis das Fleisch bedeckt ist.
2. Ansatz: Es wird so lange Salz in das Glas gegeben, bis das Fleisch vollkommen bedeckt ist.
3. Ansatz: Es werden 50g Saccharose in 100ml Wasser gegeben und die angefertigte Zuckerlösung in das Glas gefüllt.
4. Ansatz: Es werden 50g Zitronensäure in 100ml Wasser gegeben und die Lösung in das Glas gefüllt.
5. Ansatz: Das Glas wird in die Gefriertruhe gestellt.

Alle sechs Versuchsansätze werden im Kühlschrank bei circa 3,7°C gelagert.

d. Beobachtung

Die sechs Versuchsansätze wurden 4 Monate lang beobachtet. Zunächst ist einmal festzuhalten, dass leider keine größeren Veränderungen beobachtet werden konnten. Da ein Geschmackstest nicht mehr zu empfehlen ist, kann nur das äußere Erscheinungsbild des Fleisches beurteilt werden.

Abbildung 17: Konservierung des Fleisches durch Zitronensäure

Abbildung 16: Konservierung des Fleisches durch Isopropanol

Das im Isopropanol eingelegte Fleischstück ist allerdings etwas weißer geworden (vgl. Abb. 17). Ähnliches ist bei der Zitronensäure zu beobachten: Das Fleisch wirkt fester, härter und heller (vgl. Abb. 16). Beim eingefrorenen Fleischstück hat sich eine dünne Eiskristallschicht gebildet. Sowohl bei Versuchsansatz 2 als auch bei 3 sind von außen keine Veränderungen festzustellen. Auffällig ist hierbei, dass beide Substanzen eine ähnliche biologische Wirksamkeit in Bezug auf ihre konservierende Wirkung haben: Beide Stoffe sind osmotisch wirksam und entziehen dem Fleisch Flüssigkeit.

Da kaum Veränderungen festzustellen sind, scheint die Konservierung sehr gut funktioniert zu haben.

e. Erklärung

Versuchsansatz 1 ist eine Nachahmung der Konservierung von organischem Material durch Alkohole, die durch ihre toxischen Eigenschaften antibakteriell wirken. Die konservierende Wirkung der Ansätze 2 und 3 beruhen auf dem Prinzip der Osmose: Die Konzentration an Wassermolekülen ist außerhalb der Zellen deutlich geringer. Die Erhöhung der Osmoralität durch die Zugabe wasserlöslicher Stoffe führt zur Diffusion von Wasserteilchen aus dem Gewebe. Die Wasserverfügbarkeit in den Zellen ist nun deutlich geringer und den Bakterien steht weniger Wasser zur Verfügung, was eine Hemmung des Wachstums zur Folge hat.

Auch die Säure in Ansatz 4 hat eine Hemmung der Bildung von Schimmeln – und Hefepilzen zur Folge. Die Säure hat einen sehr niedrigen pH-Wert (ca. 3). Der pH-Wert, der unserem Körper die Voraussetzungen für ein bestmögliches, d.h. normales Funktionieren ermöglicht, liegt im Blut gemessen bei 7,4. Ein gesundes Milieu hat somit einen leicht basischen (alkalischen) pH-Wert. Schon geringfügige Abweichungen haben weitreichende Konsequenzen. Das extrem saure Milieu wirkt sich somit nicht nur auf das Wachstum der Bakterien, sondern auch auf das Zellmilieu des Fleisches aus: Durch die Denaturierung der Proteine ist das Fleisch deutlich weißer geworden. Die Zugabe von Säuren führt zu intra – und intermolekularen Ladungsverschiebungen. Die Säure gibt Protonen ab und zerstört auf diese Weise die Wasserbrückenbindungen, da sich die positiven Ladungen der einlagerten Protonen gegenseitig abstoßen. Zudem verändern die Protonen die funktionellen Gruppen der Peptidmoleküle. Sie bauen die Carboxylatgruppen ($COO-$) der Aminosäuren Aspartat und Glutamat zu Carboxygruppen ($-COOH$) um, wobei die ursprünglichen negativen Ladungen verschwinden. Infolgedessen können diese funktionellen Gruppen keine ionischen Wechselwirkungen mit positiven Gruppen im Molekül mehr ausbilden. Dies hat ähnliche Folgen wie die Hitzedenaturierung: Das Protein wird „entfaltet", wodurch es eine energetisch ungünstigere Position einnimmt. Diese Veränderung der Proteinstruktur hat eine Inaktivierung der Proteine zur Folge.

Durch die starke Absenkung der Temperatur in Ansatz 5 wird der Umgebung extrem viel Energie entzogen, ohne die die Bakterien sich kaum entwickeln können. [77]

f. Verbesserungsvorschläge

Um die osmotische Wirksamkeit der Lösungen in den Versuchsansätzen 2 und 3 zu verstärken, ist es empfehlenswert, deren Konzentrationen zu erhöhen. Dies würde wahrscheinlich auch zu größeren Veränderungen in kürzerer Zeit führen.
Zudem ist anzunehmen, dass bei einer längeren Beobachtungsdauer deutlich größere Veränderungen festzustellen wären. Vermutlich reichen 4 Monate nicht aus, um die verschiedenen Konservierungsverfahren angemessen vergleichen zu können.

3. Vergleich der verschiedener Zelltypen

a. Material

2 Gurkenstücke, 2 Kartoffelhälften, Zucker, Salz

b. Durchführung

Abbildung 18: Beginn des Experiments

Die Gurkenstücke und die Kartoffelhälften werden ausgehöhlt. Ein Gurken – und ein Kartoffelstück werden mit Salz gefüllt. Dasselbe macht man mit dem Zucker (vgl. Abb. 18).

c. Beobachtung

Die Hälfen füllen sich mit Flüssigkeit. Dabei läuft der Vorgang bei der Gurke schneller ab. Zudem scheint das Gemüse in sich zusammenzufallen (vgl. Abb. 19).

d. Erklärung

Abbildung 19: Ende des Experiments

Durch die Zugabe des Salzes bzw. des Zuckers entsteht ein Konzentrationsgradient, der durch die Diffusion von Wasserteilchen durch Diffusion durch eine semipermeable Wand (Kartoffel- bzw. Gurkenmembran) ausgeglichen wird. Da Salz und Zucker osmotisch wirksam sind, wird den Gemüsestückchen Wasser entzogen.
Die Gurke enthält von Natur aus deutlich mehr Wasser als die vergleichsweise trockene Kartoffel. Aus diesem Grund ist der Konzentrationsunterschied hier größer. Es existiert eine ständige, zufällige und ungerichtete Teilchenbewegung für jedes einzelne Wasserteilchen. Trotzdem bildet sich ein gerichteter Nettofluss, da die Wahrscheinlichkeit, dass Wassermoleküle aus den Zellen rausdiffundieren deutlich größer ist, als dass Teilchen wieder reindiffundieren. Dieser Effekt ist bei der Gurke deutlich größer als bei der Kartoffel, da ihr Wassergehalt deutlich höher ist. Die Zellen schrumpfen durch den Wasserverlust in sich zusammen, was als Plasmolyse bezeichnet wird.

Abbildungsverzeichnis

Literaturverzeichnis

[1] MUMIEN – Der Traum vom ewigen Leben (Seite 261 ff.). Alfried Wiieczorek/Michael Tellenbach und Wilfired Rosendahl. 2007 by Reiss-Engelhorn-Museen Mannheim. Philipp von Zabern-Verlag, Mainz am Rhein

[2] MUMIEN – Der Traum vom ewigen Leben (Seite 1 f.). Alfried Wiieczorek/Michael Tellenbach und Wilfired Rosendahl. 2007 by Reiss-Engelhorn-Museen Mannheim. Philipp von Zabern-Verlag, Mainz am Rhein

[3] https://de.wikipedia.org/wiki/Verwesung (Seite zuletzt aufgerufen am 04.11.2017)

[4] MUMIEN – Der Traum vom ewigen Leben (Seite 7). Alfried Wiieczorek/Michael Tellenbach und Wilfired Rosendahl. 2007 by Reiss-Engelhorn-Museen Mannheim. Philipp von Zabern-Verlag, Mainz am Rhein

[5] MUMIEN – Der Traum vom ewigen Leben (Seite 8 ff.). Alfried Wiieczorek/Michael Tellenbach und Wilfired Rosendahl. 2007 by Reiss-Engelhorn-Museen Mannheim. Philipp von Zabern-Verlag, Mainz am Rhein

[6] http://docplayer.org/6346149-Funktionelle-und-strukturelle-charakterisierung-dissertation-des-ovastacins-in-vivo-und-in-vitro.html (Seite zuletzt aufgerufen am 04.11.2017)

[7] http://www.chemie.de/lexikon/Serinproteinase.html (Seite zuletzt aufgerufen am 04.11.2017)

[8] http://www.chemie.de/lexikon/Katalytische_Triade.html (Seite zuletzt aufgerufen am 04.11.2017)

[9] https://de.wikipedia.org/wiki/Katalytische_Triade (Seite zuletzt aufgerufen am 04.11.2017)

[10] MUMIEN – Der Traum vom ewigen Leben (Seite 12 f.). Alfried Wiieczorek/Michael Tellenbach und Wilfired Rosendahl. 2007 by Reiss-Engelhorn-Museen Mannheim. Philipp von Zabern-Verlag, Mainz am Rhein

[11] https://www.chemiezauber.de/inhalt/wahlpflicht-kl-10/forensik/faeulnis-und-verwesung.html (Seite zuletzt aufgerufen am 04.11.2017)

[12] https://www.biologie-seite.de/Biologie/Verwesung (Seite zuletzt aufgerufen am 04.11.2017)

[13] MUMIEN – Der Traum vom ewigen Leben (Seite 9 f.). Alfried Wiieczorek/Michael Tellenbach und Wilfired Rosendahl. 2007 by Reiss-Engelhorn-Museen Mannheim. Philipp von Zabern-Verlag, Mainz am Rhein

[14] Kleines Handbuch der Konservierungstechnik (Seite 17 f.). Dr. Bruno Mühlethaler. Verlag Paul Haupt Bern und Stuttgart 1988. 4. Auflage

[15] http://de.dbpedia.org/page/Leichenkonservierung (Seite zuletzt aufgerufen am 04.11.2017)

[16] http://www.chemie.de/lexikon/RGT-Regel.html (Seite zuletzt aufgerufen am 04.11.2017)

[17] https://prezi.com/zxzsn0990brn/der-einfluss-der-temperatur-auf-die-enzymaktivitat/

[18] http://www.chemgapedia.de/vsengine/vlu/vsc/de/ch/8/bc/vlu/biokatalyse_enzyme/enzyme.vlu/Page/vsc/de/ch/8/bc/biokatalyse/enzym_temp.vscml.html (Seite zuletzt aufgerufen am 04.11.2017)

[19] http://www.chemie.de/lexikon/Luftfeuchtigkeit.html#Absolute_Luftfeuchtigkeit.html (Seite zuletzt aufgerufen am 04.11.2017)

[20] https://geschimagazin.wordpress.com/2010/12/20/mumifizierung-durch-die-natur-2342/ (Seite zuletzt aufgerufen am 04.11.2017)

[21] http://www.linkfang.de/wiki/Leichenkonservierung#Einbalsamierung.2C_Mumifikation.2C_Mumifizierung (Seite zuletzt aufgerufen am 04.11.2017)

[22] Experimentelle Mumifizierung als Grundlage für eine forensische Interpretation der Liegezeit (Seite 12). Anne Rauch. Universitätsbibliothek Erlangen 2004

[23] http://benecke.com/pdf/Celina_Herbig_Facharbeit_Forensische_Entomologie_Benecke_Com. pdf (Seite zuletzt aufgerufen am 04.11.2017)

[24] https://www.welt.de/reise/staedtereisen/article13660340/Rueschenkleider-Mumien-erfordern-starke-Nerven.html (Seite zuletzt aufgerufen am 04.11.2017)

[25] Experimentelle Mumifizierung als Grundlage für eine forensische Interpretation der Liegezeit (Seite 13 f.). Anne Rauch. Universitätsbibliothek Erlangen 2004

[26] Experimentelle Mumifizierung als Grundlage für eine forensische Interpretation der Liegezeit (Seite 14 f.). Anne Rauch. Universitätsbibliothek Erlangen 2004

[27] Experimentelle Mumifizierung als Grundlage für eine forensische Interpretation der Liegezeit (Seite 15 f.). Anne Rauch. Universitätsbibliothek Erlangen 2004

[28] Eine kritische Untersuchung der biologischen Wirkung des Formaldehyds (Seite 150 ff.). Ellen Magarete Brühl. Medizinische Fakultät der Rheinisch-Westfälischen Technischen Hochschule Aachen 1988

[29] http://www.chemieunterricht.de/dc2/r-cho/c-forml.htm (Seite zuletzt aufgerufen am 04.11.2017)

[30] U.S. National Library Of Medicine: https://openi.nlm.nih.gov/detailedresult.php?img=PMC3197616_pone.0026217.g010&req=4 (Seite zuletzt aufgerufen am 04.11.2017)

[31] https://de.wikipedia.org/wiki/Denaturierung_(Biochemie)#Denaturierung_durch_Modifikation _und _Vernetzung (Seite zuletzt aufgerufen am 04.11.2017)

[32] https://www.skg-krumbach.de/supercool/biochemie/alkohol.htm (Seite zuletzt aufgerufen am 04.11.2017)

[33] Max-Plank-Institut für biophysikalische Chemie: http://www.mpibpc.mpg.de/151749/Desinfizierende_Wirkung_von_Alkohol(Seite zuletzt aufgerufen am 04.11.2017)

[34] https://books.google.de/books?id=KHiyjLgpzVUC&pg=PA206#v=onepage&q&f=false (Seite zuletzt aufgerufen am 04.11.2017)

[35] http://www.chemie.de/lexikon/Kupfer.html#Biologische_Wirkung (Seite zuletzt aufgerufen am 04.11.2017)

[36] Kleines Handbuch der Konservierungstechnik (Seite 25 f.). Dr. Bruno Mühlethaler. Verlag Paul Haupt Bern und Stuttgart 1988. 4. Auflage

[37] Experimentelle Mumifizierung als Grundlage für eine forensische Interpretation der Liegezeit (Seite 16 f.). Anne Rauch. Universitätsbibliothek Erlangen 2004

[38] http://www.nidiot.de/de/Leichenkonservierung (Seite zuletzt aufgerufen am 04.11.2017)

[39] https://web.archive.org/web/20130313190028/http://www.pm-magazin.de/a/sch%C3%B6n-f%C3%BCr-die-ewigkeit (Seite zuletzt aufgerufen am 04.11.2017)

[40] Biologie Seite: https://www.biologie-seite.de/Biologie/Mumifizierung_im_Alten_%C3%84gypten (Seite zuletzt aufgerufen am 04.11.2017)

[41] Paläopathologische Untersuchungen an einer altägyptischen Mumie aus den Naturwissenschaftlichen Sammlungen der Stadt Winterhtur (Seite 14 f.). Frank Jakobus Rühli. Medizinische Fakultät der Universität Zürich. Juris Druck+Verlag Dietikon 1998

[42] Paläopathologische Untersuchungen an einer altägyptischen Mumie aus den Naturwissenschaftlichen Sammlungen der Stadt Winterhtur (Seite 9). Frank Jakobus Rühli. Medizinische Fakultät der Universität Zürich. Juris Druck+Verlag Dietikon 1998

[43] MUMIEN – Der Traum vom ewigen Leben (Seite 77). Alfried Wiieczorek/Michael Tellenbach und Wilfired Rosendahl. 2007 by Reiss-Engelhorn-Museen Mannheim. Philipp von Zabern-Verlag, Mainz am Rhein

[44] Paläopathologische Untersuchungen an einer altägyptischen Mumie aus den Naturwissenschaftlichen Sammlungen der Stadt Winterhtur (Seite 12). Frank Jakobus Rühli. Medizinische Fakultät der Universität Zürich. Juris Druck+Verlag Dietikon 1998

[45] MUMIEN – Der Traum vom ewigen Leben (Seite 79). Alfried Wiieczorek/Michael Tellenbach und Wilfired Rosendahl. 2007 by Reiss-Engelhorn-Museen Mannheim. Philipp von Zabern-Verlag, Mainz am Rhein

[46] MUMIEN – Der Traum vom ewigen Leben (Seite 17). Alfried Wiieczorek/Michael Tellenbach und Wilfired Rosendahl. 2007 by Reiss-Engelhorn-Museen Mannheim. Philipp von Zabern-Verlag, Mainz am Rhein

[47] MUMIEN – Der Traum vom ewigen Leben (Seite 80 ff.). Alfried Wiieczorek/Michael Tellenbach und Wilfired Rosendahl. 2007 by Reiss-Engelhorn-Museen Mannheim. Philipp von Zabern-Verlag, Mainz am Rhein

[48] https://www.selket.de/mumien-und-totenkult/mumifizierung/ (Seite zuletzt aufgerufen am 04.11.2017)

[49] Humboldt-Universität Berlin-Seminar für Sudanarchäologie und Ägyptologie: http://www2.rz.hu-berlin.de/nilus/net-publications/ibaes1/Publikation/ibaes1.pdf (Seite zuletzt aufgerufen am 04.11.2017)

[50] MUMIEN – Der Traum vom ewigen Leben (Seite 23 f.). Alfried Wiieczorek/Michael Tellenbach und Wilfired Rosendahl. 2007 by Reiss-Engelhorn-Museen Mannheim. Philipp von Zabern-Verlag, Mainz am Rhein

[51] MUMIEN – Der Traum vom ewigen Leben (Seite 28 f.). Alfried Wiieczorek/Michael Tellenbach und Wilfired Rosendahl. 2007 by Reiss-Engelhorn-Museen Mannheim. Philipp von Zabern-Verlag, Mainz am Rhein

[52] http://www.hydrologie.uni-oldenburg.de/ein-bit/11822.html (Seite zuletzt aufgerufen am 04.11.2017)

[53] MUMIEN – Der Traum vom ewigen Leben (Seite 26). Alfried Wiieczorek/Michael Tellenbach und Wilfired Rosendahl. 2007 by Reiss-Engelhorn-Museen Mannheim. Philipp von Zabern-Verlag, Mainz am Rhein

[54] MUMIEN – Der Traum vom ewigen Leben (Seite 24 ff.). Alfried Wiieczorek/Michael Tellenbach und Wilfired Rosendahl. 2007 by Reiss-Engelhorn-Museen Mannheim. Philipp von Zabern-Verlag, Mainz am Rhein

[55] https://nematode.unl.edu/fensgrauballe.htm (Seite zuletzt aufgerufen am 04.11.2017)

[56] https://www.chemie-schule.de/KnowHow/Tannine (Seite zuletzt aufgerufen am 04.11.2017)

[57] https://de.wikipedia.org/wiki/Gerben (Seite zuletzt aufgerufen am 04.11.2017)

[58] https://www.biologie-seite.de/Biologie/Moorleiche (Seite zuletzt aufgerufen am 04.11.2017)

[59] MUMIEN – Der Traum vom ewigen Leben (Seite 26 f.). Alfried Wiieczorek/Michael Tellenbach und Wilfired Rosendahl. 2007 by Reiss-Engelhorn-Museen Mannheim. Philipp von Zabern-Verlag, Mainz am Rhein

[60] https://de.wikipedia.org/wiki/Permafrostleiche (Seite zuletzt aufgerufen am 04.11.2017)

[61] https://gletscherg2b.wordpress.com/gruppe6-gletscherg2g_g6/ (Seite zuletzt aufgerufen am 04.11.2017)

[62] http://www.dna-sequenzierung.com/sanger-sequenzierung/ (Seite zuletzt aufgerufen am 04.11.2017)

[63] http://www.spektrum.de/lexikon/biologie-kompakt/dna-sequenzierung/3184 (Seite zuletzt aufgerufen am 04.11.2017)

[64] http://www.chemie.de/lexikon/ADNA.html#Verfahren (Seite zuletzt aufgerufen am 04.11.2017)

[65] http://www.bioclips.de/content/01_biotech/sanger.html (Seite zuletzt aufgerufen am 04.11.2017)

[66] MUMIEN – Der Traum vom ewigen Leben (Seite 229 ff.). Alfried Wiieczorek/Michael Tellenbach und Wilfired Rosendahl. 2007 by Reiss-Engelhorn-Museen Mannheim. Philipp von Zabern-Verlag, Mainz am Rhein

[67] https://www.chemie-schule.de/KnowHow/DNA-Sequenzierung (Seite zuletzt aufgerufen am 04.11.2017)

[68] http://www.buss-bestattungen.de/aktuelles/artikel/thanatopraxie-und-modern-embalming-was-ist-das-eigentlich.html

[69] https://de.wikipedia.org/wiki/Thanatopraxie (Seite zuletzt aufgerufen am 04.11.2017)

[70] https://de.wikipedia.org/wiki/Modern_Embalming (Seite zuletzt aufgerufen am 04.11.2017)

[71] https://de.wikipedia.org/wiki/Glutaraldehyd#Verwendung (Seite zuletzt aufgerufen am 04.11.2017)

[72] https://de.wikipedia.org/wiki/Kryonik (Seite zuletzt aufgerufen am 04.11.2017)

[73] http://www.zeit.de/2000/12/Auferstanden_vom_Kaeltetod (Seite zuletzt aufgerufen am 04.11.2017)

[74] http://www.spiegel.de/wissenschaft/technik/kryonik-wie-funktioniert-die-leichenkonservierung-a-1122126.html (Seite zuletzt aufgerufen am 04.11.2017)

[75] http://www.chemie.de/lexikon/Diffusion.html (Seite zuletzt aufgerufen am 04.11.2017)

[76] Biochemische und physiologische Versuche mit Pflanzen (Seite 104 ff.). Aloysius Wild, Volker Schmitt. Springer-Verlag Berlin Heidelberg 2012

[77] https://de.wikipedia.org/wiki/Denaturierung_(Biochemie)#S.C3.A4ure-_und_Lauge-Denaturierung (Seite zuletzt aufgerufen am 04.11.2017)